泉美智子・文　山下正人・圖　唐亞明・譯

經濟學是什麼？

② 如果沒有銀行

香港中文大學出版社

目錄

經濟學是什麼？
② 如果沒有銀行

泉美智子·文　山下正人·圖　唐亞明·譯

3 如果沒有信用卡
（有效利用信用卡）

4 如果沒有股票
（股票的原理）

1 如果沒有銀行
（銀行的作用）

這裏是加里曼島國，
全國只有28萬人。
國家雖小，卻很富足。
漁業和林業是主要產業。

這個島國有３家銀行：

島嶼銀行、海洋銀行、綠洲銀行。

人們往銀行裏存入多餘的錢，

銀行又借給需要用錢的人和公司。

銀行的工作很重要。

有一次，專門向日本出口鮮蝦的土圖水產公司，

發生了嚴重事故。

公司的養殖場被病菌感染，

出口到日本的鮮蝦引起了顧客激烈的腹痛和腹瀉。

從土圖水產公司進口鮮蝦的日本商社，

要求該公司支付賠款，賠償損失，

並決定今後不再從這家公司進口鮮蝦。

土圖水產公司破產了，

難以償還從島嶼銀行那裏借的貸款。

加里曼島國財政部長宣布說：

「由於土圖水產公司破產，島嶼銀行的經營陷入了困境。」

人們從報紙和電視得知這一消息後，

紛紛湧向島嶼銀行。

為了取錢，人們在銀行前排起了長隊。

銀行的保險櫃很快就空了。

島嶼銀行放下閘門，

不久，這家銀行倒閉了。

財務部長操之過急的發言，引起了「連鎖倒閉」這樣不得了的騷亂，給該國帶來了災難性後果。

加里曼最大的水產公司倒閉，

使這個島國的經濟一蹶不振。

許多公司陸續倒閉，

連剩下的兩家銀行也因「擠兌風潮」破產了。

該國的公司數量大減，而且連一家銀行也不剩了。

如果銀行破產，
顧客就取不出存款。
所以大家爭先恐後地提款。
這就叫「擠兌風潮」。

儘管如此，該國的木材出口仍然很順利。

林業公司的保險櫃裏，

堆滿了賺來的錢。

可是沒有銀行可以存放，

只好不停地買新的保險櫃。

這家公司的員工們，為了存放花不完的工資，

也去買小保險櫃。

賣保險櫃的店舖大賺，

保險櫃店舖的保險櫃裏塞滿了錢。

而水產公司的保險櫃卻空空如也。

該公司想挽回信譽，

可是沒錢購置防止病菌感染的設備。

最後，水產公司不得不裁員三分之一。

一方的保險櫃空空如也，

一方的保險櫃塞滿了錢。

本來，銀行的工作是——

匯集多餘的錢，

借給需要錢的人和公司。

沒有銀行，
錢就不能順利地流通。
如果用人的身體作比喻：
血管不暢通造成血液阻塞，
人就會得病。

林業公司的總經理成了大富翁，

他想：「那我開家新銀行吧！」

於是，加里曼島國誕生了一家新銀行。

人們紛紛把錢存入新銀行，

向新銀行借款的人和公司絡繹不絕。

土圖水產公司的前任總經理，

從新銀行那兒借到了貸款，

然後從外國購入了防止病菌入侵的設備，裝進養殖場裏。

那種設備非常棒，海水也不會受到污染。

土圖水產公司重打鼓另開張，通過了嚴格的質量檢查。

就這樣，公司死而復生。

喜歡鮮蝦的日本人，

又能品嘗到美味的加里曼蝦了。

銀行的作用可真不小呀。
它能使加里曼的經濟
復蘇了。

2

如果沒有貸款
（貸款的作用）

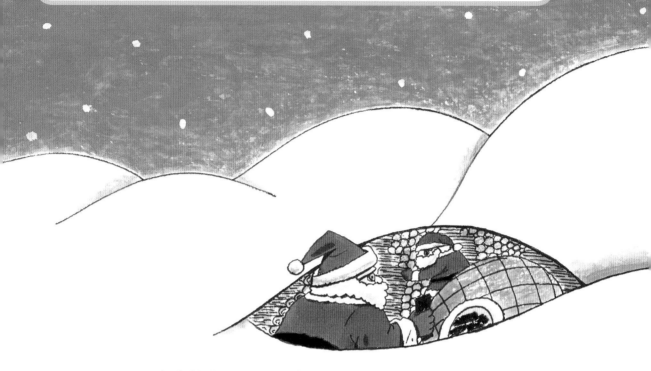

聖誕老人住在冰天雪地的北國。

他們終年在聖誕森林裏幹活，

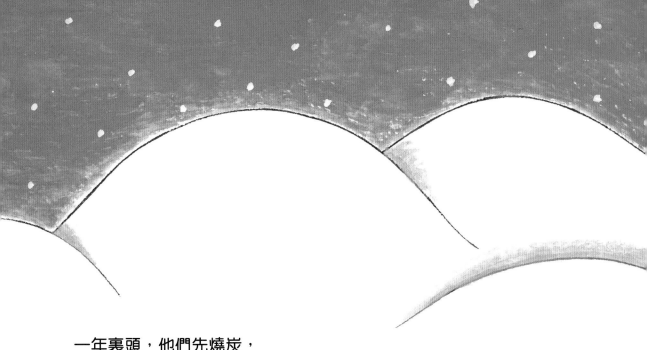

一年裏頭，他們先燒炭，

然後用黏土做盤子和碗，燒製成陶瓷。

他們把賣陶瓷得來的錢，

買聖誕禮物送給全世界的小朋友。

可是，今年聖誕森林裏流行病毒性感冒，

聖誕老人們幾乎都被傳染，在醫院住了很長時間。

聖誕森林遠離城市，感冒藥也用光了。

到了12月，聖誕節即將來臨。

可是，聖誕老人們都出不了門，

也不能進城去買禮物。

長老爺爺批評那些不想動彈的聖誕老人們說：

「你們幹嘛還不準備聖誕禮物？

小朋友們都等着呢！」

「我們當然想去啦。

可我們得了重感冒，這月沒幹活兒。

光交住院費都夠嗆，哪兒有錢買禮物？」

大病初癒的聖誕老人們表情悲傷，語氣淒涼。

「哦，原來是這麼回事⋯⋯」

長老爺爺知道了事情的經過。

第二天一大早，他一個人趕着馴鹿拉的雪橇，

前往北國的首都，

去拜訪他的朋友、銀行行長哥頓先生。

「好久不見了，長老！你找我有什麼事呀？」

哥頓行長問。

「是這樣的，聖誕森林裏流行病毒性感冒，

聖誕老人們沒錢買聖誕禮物。

所以，我想從你的銀行借一點兒……」

「貸款啊？你需要多少錢呢？」

「我想借10萬塊。」

哥頓行長考慮了一下，說：

「那好吧。我知道你們給全世界的小朋友送上快樂，

你們的工作很有意義嘛。

這樣吧，我可以借錢給你們，

條件是，3年歸還10萬元加1萬5千元的利息。」

看來，
長老爺爺有「信譽」。
他的「信譽」基於日常品行
端正。

「長老爺爺到哪兒去啦？3天都不着家呀！」

5天後的清晨，長老爺爺的雪橇終於回到了聖誕森林。

長老爺爺背回來的大布袋裏，裝滿了紙幣。

「用這些錢可以買好多禮物，你們快去吧！」

「長老爺爺，您從哪兒弄來這麼多錢啊？」

「真是託您的福啦，今年小朋友們會很高興的！」

聖誕老人們剛得過大病，

現在卻有了精神，紛紛穿上紅衣服，

把禮物塞滿大布袋。

他們駕着馴鹿拉的雪橇，從聖誕森林出發了。

他們要趕在12月24日夜晚之前，

把禮物送出去。

聖誕節結束了，

聖誕老人們回到了聖誕森林。

大家異口同聲地向長老爺爺道謝：

「謝謝您了。託您的福，小孩們都高興極了。」

長老爺爺說：

「那筆錢可是貸款啊，３年內連本帶利必須還清。

每年要還３萬８千多元。

為了還清債務，從明年起，大家要加倍工作，

比往年幹得更好啊！」

「我們得多掙點錢，還清長老爺爺借的貸款呀！」

「明年買禮物的錢也得掙出來呢。」

聖誕老人們砍下聖誕森林裏的樹，燒成木炭，燒製陶瓷。

他們辛勤勞動，在陶瓷的圖案和燒製方法上下了很多功夫，

做出了好多好多漂亮的盤子、碗和杯子。

聖誕老人加油！

借錢的人償還利息。
借錢給別人的人收取利息。
這是金融的基本法則。

3

如果沒有信用卡

（有效利用信用卡）

這是遠離日本的小國聖潔利亞。

這裏的國王禁止使用所有信用卡。

因為國王堅信：「信用卡是造成浪費的原因。」

外人一定覺得那會很不方便。

可一直生活在當地的人，

覺得不用信用卡也沒有什麼不方便。

在聖潔利亞，

有公元前的古建築，

形狀像埃及的金字塔。

為了參觀這些古蹟，

世界各地的遊客紛紛來到這個國家。

遊客們知道「聖潔利亞不能用信用卡」，

所以在機場的銀行窗口，

把帶來的美元和日元，

兌換成聖潔利亞的貨幣里姆。

購物也好，支付酒店住宿費也好，

在餐廳吃飯也好，都得支付現款里姆。

美國的哈爾頓酒店

看到有這麼多遊客，

就決定在聖潔利亞的古蹟附近，

建造哈爾頓聖潔利亞酒店。

為了方便來自歐美、日本和中國等國的遊客，

準備採用信用卡支付的方法。

但是，

聖潔利亞的警察首長來到正在建設中的酒店，

警告說：「國王禁止使用信用卡！」

哈爾頓酒店的總經理請求國王說：

「請求您批准我店使用信用卡。」

可是，國王回答說：

「禁止使用信用卡是聖潔利亞的法律。

如果你們不遵守法律，就得停止興建酒店。」

酒店總經理說：

「建好酒店，讓客人使用信用卡，遊客會增加4倍；

聖潔利亞的旅遊收入和商業收入也會增加4倍。

貴國人民的生活也會因此富裕起來的。」

酒店總經理強調說，

建設哈爾頓酒店有益於聖潔利亞的經濟。

於是，國王召集部長們開會討論，

制定出以下規定：

「只批准哈爾頓酒店一家使用信用卡。」

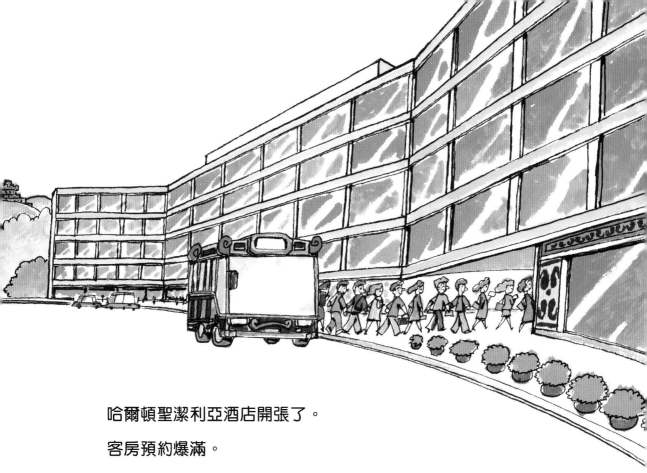

哈爾頓聖潔利亞酒店開張了。

客房預約爆滿。

聖潔利亞的餐廳和禮品店看到這種情況，

都去向國王申請「使用信用卡」。

國王看到遊客大增，

便廢除了禁止使用信用卡的法律。

正如哈爾頓酒店總經理所說，

遊客增加了3倍。

由於遊客可以使用信用卡，購物方便了，

每位遊客花的錢平均增加了2倍。

酒店、餐廳和商店的銷售額增加了11倍。

就這樣，聖潔利亞便富裕起來。

這個國家的人民生活也得到了改善。

聖潔利亞

把遊客支付的美元等外幣，

用來購買外國產的汽車等商品，

促進了經濟發展。

看來，信用卡的力量不小！

4 如果沒有股票
（股票的原理）

從前，人們不知道地球是圓的。

歐洲的商人們克服重重困難，遠渡重洋，

前往遙遠的非洲大陸和亞洲各國，

運回貴重的金銀、鑽石，還有胡椒等物品，

發了一大筆財。

從陸地前往東方是很不容易的，

在回程運貨時更要飽嘗艱辛。

所以，商人們前往東方時，

寧願乘帆船繞過非洲南端。

歐洲人喜歡吃肉。
而胡椒是消除肉腥味
不可缺的調味料。
當時，1克胡椒可以換
好幾克黃金呢。

哥倫布船長為了弄到金銀和鑽石，

計劃乘船前往非洲南部。

但是，他湊不夠資金。

一天，他對着集合在廣場上的人群說：

「我們為了遠航，需要很多錢。

各位先生，你們能出錢幫助我們航海嗎？

我們一定會從非洲帶回大量的金銀和鑽石。

賣掉這些財寶，就能得到大筆錢。」

「我們會分給為我們出錢的各位先生。

當然，你們借給我們的錢，我們也會原封不動地歸還。

各位財主，懇請你們務必援助我們！」

但是，如果船遇到風暴，
在海上沉沒；或是遭到海盜搶劫，
金銀財寶和哥倫布船長都回不來。
那你們怎麼想呢？

遠航需要100萬德拉的資金。

哥倫布決定：每股1,000德拉。

交納1,000德拉的人，領到了寫有「1,000德拉」的證書（股票），

上面還有哥倫布的簽字。

「我同意出錢！」

這樣，有1,000多人出資。

其中有人說：「我決定出1萬德拉！」

購買了10張股票。

股票就像許多小根枝，
把營養輸給大樹墩（日文「株」）。
資金就是這樣集中起來的。
因此資金在日文稱為「株」，
股票的日文為「株券」。

哥倫布把出資人的姓名和地址記在本子上，
小心地保管在自家的保險櫃裏，
然後出海了。

「我們的遠航一定要成功，才能對得起替我們出錢的人！」

「來吧，暴風雨！來吧，海盜們！看我們怎麼保護帆船！」

哥倫布船長和船員們，以冧酒乾杯，祝願遠航成功。

為了能滿載金銀財寶平安返回歐洲，

並且讓股東們滿意，

哥倫布船長克服艱難險阻，堅持航行。

途中，不知遇到了多少次暴風驟雨，

遭到了多少次海盜的襲擊，

船終於抵達了目的地。

哥倫布他們把船上裝載的小麥、燻肉、棉布，

以及打獵用的弓箭等，交換成金銀和鑽石，裝上帆船，

返回３個月前出航的港口。

4個月後，哥倫布船長終於回到了港口。

他回國後立即寫了一封信：

「本人將在1個月後召開大會，

向出資的各位先生報告行程。

請大家前來參加為盼。」

他租用市內繁華大街的一家劇院，

召開了股東大會。

為成立公司出資的人，
可拿到股票。
持有股票的人稱為「股東」。
向股東報告工作的會議，
稱為「股東大會」。

42

儘管有幾個股東發牢騷說：「紅利太少啦！」

但是大多數股東表示滿意。

很多股東喊着：「你再去遠航一次吧，我還要買股票！」

哥倫布船長為了弄到金銀和鑽石，

遠航去非洲，靠的是這1,000名股東的支持。

可以說，股份公司這一制度，是人類最偉大的發明之一。

文：泉美智子

「兒童環境‧經濟教育研究室」代表，理財規劃師、日本兒童文學作家協會會員，曾任公立鳥取環境大學經營學部準教授。她在日本全國舉辦面向父母和兒童、小學生、中學生的經濟教育講座，同時編寫公民教育課外讀物和紙芝居（即連環畫劇）。主要著作有《保險是什麼？》（近代セールス社，2001）、《調查一下金錢動向吧》（岩波書店，2003）、《電子貨幣是什麼？》（1–3）（汐文社，2008）、《圖說錢的秘密》（近代セールス社，2016）等。

圖：山下正人

1949年出生。東京人。畫家、現代美術家協會委員、日本美術家聯盟會員，曾多次舉辦個人畫展。其創作領域廣泛，從繪畫到書籍、雜誌插圖等，代表作是1994年在大照山相慈寺正堂製作的12幅屏風畫《冬秋夏春》。主要童書插圖作品有：《電是朋友》、《磁石實驗室》、《加法的書》、《數數動物園》、《哎！哎哎！是眼睛的錯覺嗎？》等。

譯：唐亞明

在北京出生和成長，畢業於早稻田大學文學系、東京大學研究生院。1983年應「日本繪本之父」松居直邀請，進入日本最權威的少兒出版社福音館書店，成為日本出版社的第一個外國人正式編輯，編輯了大量優秀的圖畫書，多次榮獲各種獎項。曾任「意大利波隆那國際兒童書展」評委、日本國際兒童圖書評議會（JBBY）理事、全日本華僑華人文學藝術聯合會會長，以及日本華人教授會理事。主要著作有《翡翠露》（獲第8屆開高健文學獎勵獎）、《哪吒和龍王》（獲第22屆講談社出版文化獎繪本獎）、《西遊記》（獲第48屆產經兒童出版文化獎）等。

《經濟學是什麼？②如果沒有銀行》

泉美智子 著
山下正人 圖
唐亞明 譯

繁體中文版 © 香港中文大學 2019
『はじめまして!10歲からの經濟学〈2〉もしも銀行がなかったら』© ゆまに書房

本書版權為香港中文大學所有。除獲香港中文大學書面允許外，不得在任何地區，以任何方式，任何文字翻印、仿製或轉載本書文字或圖表。

國際統一書號（ISBN）：978-988-237-135-4

出版：香港中文大學出版社
　　　香港 新界 沙田‧香港中文大學
　　　傳真：+852 2603 7355
　　　電郵：cup@cuhk.edu.hk
　　　網址：www.chineseupress.com

What is Economics?
② What If There Is No Bank

By Michiko Izumi
Illustrated by Masato Yamashita
Translated by Tang Yaming

Traditional Chinese Edition © The Chinese University
of Hong Kong 2019
Original Edition © Yumani Shobo

All Rights Reserved.

ISBN: 978-988-237-135-4

Published by The Chinese University of Hong Kong Press
The Chinese University of Hong Kong
Sha Tin, N.T., Hong Kong
Fax: +852 2603 7355
Email: cup@cuhk.edu.hk
Website: www.chineseupress.com

Printed in Hong Kong